河南省工程建设标准

地下连续墙检测技术规程

Technical Specification for Testing of Diaphragm Wall

DBJ41/T189－2017

主编单位:黄河勘测规划设计有限公司
批准部门:河南省住房和城乡建设厅
实施日期:2018 年 02 月 01 日

黄河水利出版社
2018 郑 州

图书在版编目(CIP)数据

地下连续墙检测技术规程/黄河勘测规划设计有限公司
主编.—郑州:黄河水利出版社,2018.2
ISBN 978 - 7 - 5509 - 1955 - 6

Ⅰ.① 地… Ⅱ.① 黄… Ⅲ.①地下连续墙 - 建筑工
程 - 质量检验 - 技术规范 - 河南 Ⅳ.①TU476 - 65

中国版本图书馆 CIP 数据核字(2018)第 005523 号

出 版 社:黄河水利出版社
　　　　　地址:河南省郑州市顺河路黄委会综合楼 14 层　邮政编码:450003
发行单位:黄河水利出版社
　　　　　发行部电话:0371 - 66026940、66020550、66028024、66022620(传真)
　　　　　E-mail:hhslcbs@126.com
承印单位:河南承创印务有限公司
开本:850mm×1168mm　1/32
印张:2
字数:50 千字　　　　　　　　　印数:1—2 500
版次:2018 年 2 月第 1 版　　　　印次:2018 年 2 月第 1 次印刷

定价:26.00 元

河南省住房和城乡建设厅文件

豫建设标〔2018〕3 号

河南省住房和城乡建设厅关于发布
河南省工程建设标准《地下连续墙检测
技术规程》的通知

各省辖市、省直管县(市)住房和城乡建设局(委),郑州航空港经济综合实验区市政建设环保局,各有关单位:

由黄河勘测规划设计有限公司主编的《地下连续墙检测技术规程》已通过评审,现批准为我省工程建设地方标准,编号为DBJ41/T189 – 2017,自 2018 年 2 月 1 日起在我省施行。

此标准由河南省住房和城乡建设厅负责管理,技术解释由黄河勘测规划设计有限公司负责。

河南省住房和城乡建设厅

2018 年 1 月 15 日

前　　言

根据河南省住房和城乡建设厅《关于印发 2017 年第二批工程建设标准编制计划的通知》（豫建设标〔2017〕48 号）的要求，规程编制组经广泛调查研究，认真总结实践经验，参考国家现行有关标准，并在广泛征求意见的基础上，制定本规程。

本规程主要技术内容有：1 总则；2 术语和符号；3 基本规定；4 声波反射法；5 电阻率法；6 声波透射法；7 钻芯法。

本规程由河南省住房和城乡建设厅负责管理，由黄河勘测规划设计有限公司负责具体技术内容的解释。各单位执行过程中如有意见或建议，请寄送黄河勘测规划设计有限公司（地址：郑州市金水路 109 号，邮编：450003），以供以后修订时参考。

本规程主编单位：黄河勘测规划设计有限公司

本规程参编单位：河南省郑州新区建设投资有限公司

郑州市工程质量监督站

河南建达工程咨询有限公司

河南省有色工程勘察有限公司

中国水电基础局有限公司

河南省新发展城市开发建设有限公司

中铁四局集团有限公司

河南华水基础工程有限公司

河南新恒丰工程咨询有限公司

本规程主要起草人员：毋光荣　王文杰　许文峰　张　涛
　　　　　　　　　　　吴　玥　赵忠爱　赵建世　丁　一
　　　　　　　　　　　李万海　余　寅　吴清星　郑　鑫

杨建伟　杜　沛　杨　涛　李健伟
马爱玉　顾保国　白家泽　刘一宁
翟凯杰　毕　琦　魏昆芹　李尚林
王盛旗　刘郑生　刘　鹏　黄中磊
王　刚　施江永　刘新鹏　李广超
李　戟　王　峰　李　军　谢　勇
本规程主要审查人员：顾效同　唐碧凤　岳松涛　孙文怀
　　　　　　　　　　阎怀先　杜思义　赵海生　周　杨

目　　次

1 总 则

1.0.1 为规范工程建设中地下连续墙检测的方法和技术,做到技术先进、安全适用、经济合理、数据准确,特制定本规程。

1.0.2 本规程适用于河南省建筑工程和市政工程中的混凝土地下连续墙质量检测与评价。

1.0.3 地下连续墙检测分为成槽质量检测和墙体质量检测。

1.0.4 地下连续墙质量检测除应执行本规程外,尚应符合国家、行业和河南省现行有关标准的规定。

2 术语和符号

2.1 术 语

2.1.1 地下连续墙 diaphragm wall

分槽段采用专用机械成槽、浇筑钢筋混凝土所形成的一道具有防渗(水)、挡土和承重功能的连续地下墙体。

2.1.2 沉渣 sediment

地下连续墙成槽后,淤积于槽底部的非原状沉淀物。

2.1.3 导墙 guide wall

沿地下连续墙轴线两侧修筑具有足够强度、刚度和精度,起到挡土、导向、支撑荷载、存蓄泥浆和测量基准作用的两道平行于地下连续墙中心轴线的临时结构物。

2.1.4 偏心距 eccentricity

地下连续墙测试断面顶部中心与底部中心投影之间的水平距离。

2.1.5 声波反射法 sonic reflection method

利用超声波反射原理,采用超声波换能器连续测量不同深度的槽宽,绘制槽壁形态,从而判定槽宽、槽深、槽壁垂直度及接头缺陷的检测方法。

2.1.6 电阻率法 resistivity method

采用电阻率探头检测地下连续墙成槽沉渣厚度的方法。

2.1.7 声波透射法 cross–hole sonic logging

在预埋声测管之间发射并接收声波,通过实测声波在混凝土介质中传播的声时、频率和波幅衰减等声学参数的相对变化,对地下连续墙完整性进行检测的方法。

2.1.8　钻芯法　core drilling method

用钻机钻取芯样以检测地下连续墙深度、墙体缺陷、墙底沉渣厚度以及墙体混凝土的强度、密实性和连续性的方法。

2.2　符　号

c —— 超声波在泥浆介质中传播的速度;

d_0 —— 导墙宽度;

d' —— 两方向相反换能器的发射(接收)面之间的距离;

d —— 槽段宽度;

E —— 槽段偏心距;

L —— 槽段深度;

K —— 槽壁垂直度;

t_c —— 声波声时;

v —— 声波声速;

A_p —— 声波波幅;

f —— 声波信号主频;

f_{cu} —— 混凝土芯样试件抗压强度;

P —— 芯样试件抗压试验测得的破坏荷载;

ξ —— 混凝土芯样试件抗压强度折算系数。

3 基本规定

3.1 检测内容、方法及要求

3.1.1 成槽质量检测内容为槽壁垂直度、槽宽、槽深及沉渣厚度；墙体质量检测内容为墙体完整性、墙体深度、墙体混凝土强度、墙底沉渣厚度。

3.1.2 成槽质量检测方法分为声波反射法和电阻率法；墙体质量检测方法分为声波透射法和钻芯法。使用时应根据地下连续墙的类型、工程特点和工作条件，选择合适的检测方法。

3.1.3 检测仪器设备应在检定或校准有效期内，技术指标应满足本规程规定。

3.1.4 检测过程中探头升降速度不宜大于 10 m/min。

3.2 检测工作程序

3.2.1 检测工作应按图 3.2.1 的程序进行。

3.2.2 调查、资料收集宜包括下列内容：

  1 收集被检测工程的岩土工程勘察资料、设计文件、施工记录，了解施工工艺和施工中出现的异常情况。

  2 委托方的具体要求。

  3 检测项目现场实施的可行性。

3.2.3 检测方案的内容宜包括：工程概况、场地条件、墙体设计要求、施工工艺、检测方法和数量、被检槽段（墙体）选取原则、检测进度以及所需要的机械或人工配合。

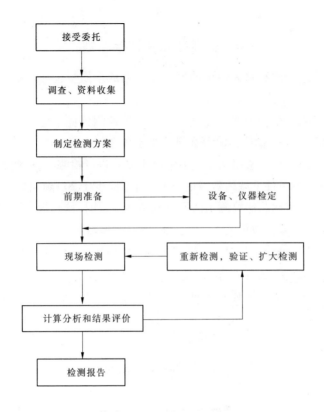

图 3.2.1 检测工作程序框图

3.2.4 检测时间应符合下列规定:

1 声波反射法检测应在清槽完毕,泥浆内气泡基本消散后进行。

2 声波透射法检测时,受检墙体混凝土强度不应低于设计强度的 70%,且不应低于 15 MPa。

3 钻芯法检测时,受检墙体的混凝土龄期应达到 28 d,或受检墙体同条件养护试件强度应达到设计强度要求。

3.3　检测数量和抽样原则

3.3.1　试成槽和永久结构的地下连续墙成槽质量检测比例应为100%;每个槽段检测断面不应少于3个。

3.3.2　临时结构的地下连续墙成槽质量抽测比例不应少于总槽段的20%,每个槽段检测断面不应少于3个。

3.3.3　采用声波透射法对墙体混凝土质量进行检测时,检测数量不应少于同条件下墙体数量的30%,且不应少于20幅墙体。

3.3.4　采用钻芯法检测沉渣厚度和墙体质量时,检测数量不应少于同条件下墙体数量的1%,且不应少于3幅墙体。

3.3.5　检测槽段(墙体)应随机抽样、均匀分布。对下列情况应重点检测:

　1　对施工质量有疑问的槽段(墙体)。

　2　采用不同工艺开始施工的槽段(墙体)。

　3　地下连续墙拐角处的墙体。

　4　设计认为重要的槽段(墙体)。

　5　墙体交接处。

3.4　复测、验证与扩大检测

3.4.1　现场成槽检测完成后,应及时向委托方提交检测结果。当检测结果不满足检验标准规定时,应通知有关部门,经处理后进行复测,直至符合要求。

3.4.2　现场成槽质量检测过程中,出现连续3个槽段不满足检验标准规定,或在检测过程中有问题的槽段数量大于已检测数量的30%时,应按3倍比例扩大检测。

3.4.3　当声波透射法判定墙体质量为Ⅲ类、Ⅳ类时,应采用钻芯法进行验证,并在未检测墙体中扩大检测。如不具备声波透射法检测条件,可采用钻芯法检测,检测数量可根据实际情况确定。

3.5 检测结果评价和检测报告

3.5.1 墙体完整性检测结果评价,应给出每幅受检墙体的完整性类别。墙体完整性分类应符合表3.5.1和本规程第6章、第7章的有关规定。

表3.5.1 墙体完整性类别

墙体完整性类别	分类原则
Ⅰ类墙体	墙体完整
Ⅱ类墙体	墙体有轻微缺陷,不会影响墙体的正常使用
Ⅲ类墙体	墙体有明显缺陷,对墙体的正常使用有影响
Ⅳ类墙体	墙体存在严重缺陷

3.5.2 Ⅰ类、Ⅱ类墙体为合格墙体;Ⅲ类墙体需由建设方与设计方等单位共同研究,以确定修补方案或继续使用;Ⅳ类墙体为不合格墙体。

3.5.3 检测报告应包括以下内容:

1 委托方名称,工程名称,工程地点,建设、勘察、设计、监理和施工单位,结构形式,设计要求,检测目的,检测依据,检测数量,检测日期。

2 地层结构描述。

3 槽段(墙体)的设计参数、编号、顶面和底面高程,相关施工记录。

4 检测方法、检测仪器设备、检测过程描述。

5 检测数据、实测波形图、汇总表。

6 与检测内容相应的检测结论。

7 报告应加盖检测单位检验检测专用章和 CMA 章。

8 相关图件或试验报告。

4 声波反射法

4.1 一般规定

4.1.1 本方法适用于检测地下连续墙槽段的垂直度、槽宽及槽深。

4.1.2 检测中应采取有效措施,保证检测信号清晰有效。

4.1.3 成槽检测时槽内泥浆性能应满足表4.1.3的要求。

表4.1.3 泥浆性能指标

项目	性能指标
重度	$< 12.5 \ kN/m^3$
黏度	18 s ~ 30 s
含砂量	$< 7\%$

4.2 仪器设备

4.2.1 检测仪器应符合下列要求:

   1 检测精度应不低于 $0.2\% F \cdot S$。

   2 测量系统为超声波脉冲系统,发射功率不小于 5 W。

   3 检测通道不少于两通道。

   4 记录方式宜为数字式。

   5 从绞车悬挂下来的传感器在遇到槽壁或槽底时应自动控制停机,应有紧急返回功能。

4.2.2 声波换能器应符合下列要求:

1 谐振频率应为 30 kHz ~ 60 kHz。

2 水密性应满足 1 MPa 水压不渗水。

4.3 现场检测

4.3.1 声波反射法检测前,应利用导墙的宽度作为标准距离标定仪器系统。标定应至少进行 3 次,每次标定误差应小于 0.1%。

4.3.2 仪器探头宜对准导墙中心轴线。

4.3.3 宜垂直槽段轴线进行两个方向检测,在两槽段端头连接部位可进行三个方向检测。

4.3.4 应标明检测剖面 $X-X'$、$Y-Y'$ 走向与实际方位的关系。

4.3.5 试验槽段应全程跟踪监测,检测次数不应少于 3 次,比较实测槽宽、槽深等参数的变化,验证成槽质量能否满足设计要求。

4.3.6 现场检测的图像应清晰,数据应准确。

4.4 数据分析与判定

4.4.1 超声波在泥浆介质中传播速度可按下式计算:

$$c = 2(d_0 - d')/(t_1 + t_2) \qquad (4.4.1)$$

式中 c——超声波在泥浆介质中传播的速度(m/s);

d_0——导墙宽度(m);

d'——两方向相反换能器的发射(接收)面之间的距离(m);

t_1、t_2——对称探头的实测声时(s)。

4.4.2 槽宽 d 可按下式计算:

$$d = d' + c(t_1 + t_2)/2 \qquad (4.4.2)$$

式中 d——实测槽段宽度(m)。

4.4.3 槽壁垂直度 K 可按下式计算:

$$K = (E/L) \times 100\% \qquad (4.4.3)$$

式中 K——槽壁垂直度；

E——槽段偏心距(m)；

L——槽段深度(m)。

4.4.4 现场检测记录图应满足下列要求：

1 根据设计槽宽及槽深合理设定记录图纵横比例尺，满足分析精度需要。

2 有明显的刻度标记，能准确显示不同深度槽宽及槽壁的形状。

3 标记检测时间、设计槽宽、检测方向及槽底深度。

4.4.5 地下连续墙成槽质量应符合表 4.4.5 的要求。

表 4.4.5 地下连续墙成槽质量检验标准

序号	检验项目		允许偏差
1	槽宽		+100 mm
2	垂直度	永久结构	≤1/300
		临时结构	≤1/150
3	槽深		0 ~ +300 mm

4.4.6 声波反射法检测报告除包含第 3.5.3 条内容外，尚应包括以下内容：

1 槽段检测断面布置图。

2 受检槽段不同深度槽宽及槽壁断面图。

3 受检槽段最大、最小及平均槽宽值。

4 受检槽段槽壁垂直度。

5　电阻率法

5.1　一般规定

5.1.1　本方法适用于检测地下连续墙成槽的沉渣厚度。

5.1.2　地下连续墙沉渣厚度应在清槽完毕后,浇筑混凝土前进行。

5.2　仪器设备

5.2.1　检测仪器宜采用沉渣测定仪。

5.2.2　仪器设备应具备标定装置,经检验合格后使用。

5.2.3　沉渣测定仪应符合下列规定:

　　1　电极间距 0.02 m ± 0.5 mm。

　　2　电阻率测量误差≤5%。

5.3　现场检测

5.3.1　将沉渣测定仪探头对准槽段中心位置,下放沉渣测定仪探头至槽底,选取适当量程或放大倍数,观测电阻率值的变化。

5.3.2　提升沉渣测定仪探头 1 m~2 m,让测定仪探头自由下落,穿透沉渣层达到原土层。

5.3.3　将沉渣测定仪探头匀速缓慢提升,自动记录槽底不同深度的泥浆视电阻率值,并绘制出泥浆视电阻率—深度曲线,将沉渣测定仪探头提升至距离槽底约 2 m 高度停止。

5.3.4　泥浆视电阻率—深度曲线上的拐点以下部分可判定为沉

渣,其厚度由深度坐标量取。

5.4　数据分析与判定

5.4.1　每槽段沉渣厚度检测不应少于3点。

5.4.2　当沉渣厚度检测值的极差不超过平均值的30%时,取其平均值为地下连续墙沉渣厚度的代表值。

5.4.3　当极差超过平均值的30%时,应分析极差过大的原因,结合工程具体情况综合确定,必要时增加检测点数。

5.4.4　地下连续墙沉渣厚度应符合表5.4.4的要求。

表5.4.4　地下连续墙沉渣厚度质量检验标准

沉渣厚度	永久结构	≤100 mm
	临时结构	≤200 mm

5.4.5　电阻率法检测报告除包含第3.5.3条内容外,尚应包括以下内容:

　1　槽段测点布置图。

　2　受检点的检测深度、沉渣厚度。

6 声波透射法

6.1 一般规定

6.1.1 本方法适用于混凝土地下连续墙墙体完整性检测,判定墙体缺陷的位置、范围和程度,判定墙体完整性类别。

6.1.2 当出现下列情况之一时,不得采用本方法对墙体完整性进行评定:

1 声测管未沿墙身通长配置。

2 声测管堵塞导致检测数据不全。

3 声测管埋设不符合本规程第6.3.1条的规定。

6.2 仪器设备

6.2.1 声波发射与接收换能器应符合下列要求:

1 圆柱状径向换能器沿径向振动应无指向性。

2 外径小于声测管内径,有效工作段长度不得大于150 mm。

3 谐振频率应为30 kHz～60 kHz。

4 水密性应满足1 MPa水压不渗水。

6.2.2 声波检测仪应具有下列功能:

1 实时显示和记录接收信号的时程曲线以及频率测量或频谱分析。

2 最小采样时间间隔应不大于0.5 μs,系统频带宽度应为1 kHz～200 kHz,声波幅值测量相对误差应小于5%,系统最大动态值不得小于100 dB。

3 声波发射脉冲应为阶跃或矩形脉冲,电压幅值应为 200 V ~ 1 000 V。

4 首波实时显示。

5 自动记录声波发射与接收换能器的位置。

6.3 声测管埋设

6.3.1 声测管埋设应符合下列规定:

1 声测管内径应大于换能器外径。

2 声测管应有足够的径向刚度,声测管的温度系数应与混凝土接近。

3 声测管应下端封闭、上端加盖、管内无异物;声测管连接处应光顺过渡,管口应高出混凝土顶面 200 mm ~ 300 mm。

4 浇灌混凝土前应将声测管有效固定。

6.3.2 声测管应沿钢筋笼内侧呈均匀、对称形状布置(见附录 A),并依次编号。当墙体长度大于 5 m 时,声测管数量不宜少于 4 根。

6.4 现场检测

6.4.1 现场检测时,应合理设置仪器参数,尚应进行下列准备工作:

1 采用标定法确定仪器系统延迟时间。

2 计算声测管及耦合水层声时修正值。

3 在墙顶测量相邻声测管外壁净间距。

4 检查声测管畅通情况,换能器应能在全程范围内正常升降。

5 将各声测管内注满清水。

6.4.2 现场平测和斜测应符合下列规定:

1 发射与接收声波换能器应通过深度标志分别置于两根声

测管中。

2 平测时,声波发射与接收声波换能器应始终保持相同标高(见图6.4.2(a));斜测时,发射与接收声波换能器应始终保持固定高差(见图6.4.2(b)),且两个换能器中点连线的水平夹角不应大于30°。

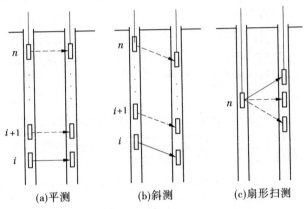

(a)平测　　　　　(b)斜测　　　　　(c)扇形扫测

图6.4.2　平测、斜测和扇形扫测示意图

3 声波发射与接收声波换能器应从墙底向上同步提升,声测线间距不应大于100mm;提升过程中,应校核换能器的深度和校正换能器的高差,并确保测试波形的稳定性。

4 应实时显示、记录每条声测线的信号时程曲线,并读取首波声时、幅值;当需要采用信号主频值作为异常声测线辅助判据时,尚应读取信号的主频值;保存检测数据的同时,应保存波列图信息。

5 同一检测剖面的声测线间距、声波发射电压和仪器设置参数应保持不变。

6.4.3 在墙体质量可疑的声测线附近,应采用增加声测线或采用扇形扫测(见图6.4.2(c))、交叉斜测、CT成像等方式进行复测和加密测试,确定缺陷的位置和空间分布范围,排除因声测管耦合不良等非墙体缺陷因素导致的异常声测线。采用扇形扫测时,两个换能器中点连线的水平夹角不应大于40°。

6.5 数据分析与判定

6.5.1 因声测管倾斜导致声速数据有规律地偏高或偏低变化时,应先对管距进行合理修正,然后对数据进行统计分析。当实测数据明显偏离正常值而又无法进行合理修正时,检测数据不得作为评价墙体完整性的依据。

6.5.2 平测时各声测线的声时 t_c、声速 v、波幅 A_p 及主频 f 应根据现场检测数据分别按下列公式计算,并绘制声速—深度(v—z)曲线和波幅—深度(A_p—z)曲线,需要时可绘制辅助的主频—深度(f—z)曲线。

$$t_{ci} = t_i - t_0 - t' \qquad (6.5.2\text{-}1)$$

$$v_i = \frac{l'}{t_{ci}} \qquad (6.5.2\text{-}2)$$

$$A_{pi} = 20\lg \frac{a_i}{a_0} \qquad (6.5.2\text{-}3)$$

$$f_i = \frac{1\ 000}{T_i} \qquad (6.5.2\text{-}4)$$

式中　t_{ci} ——第 i 测点声时(μs);

　　　t_i ——第 i 测点声时测量值(μs);

　　　t_0 ——仪器系统延迟时间(μs);

　　　t' ——声测管及耦合水层声时修正值(μs);

　　　l' ——两声测管外壁间净距离(mm);

　　　v_i ——第 i 测点声速(km/s);

　　　A_{pi} ——第 i 测点波幅值(dB);

　　　a_i ——第 i 测点信号首波峰值(V);

a_0 ——零分贝信号幅值（V）；

f_i ——第 i 测点信号主频值（kHz），可经信号频谱分析得到；

T_i ——第 i 测点信号周期（μs）。

6.5.3 当采用平测或斜测时，第 j 检测剖面的声速异常判断概率统计值应按下列方法确定：

（1）将第 j 检测剖面各声测线的声速值 $v_i(j)$ 由大到小依次按下式排序：

$$v_1(j) \geqslant v_2(j) \geqslant \cdots v_{k'}(j) \geqslant \cdots v_{i-1}(j) \geqslant v_i(j) \geqslant$$

$$v_{i+1}(j) \geqslant \cdots v_{n-k}(j) \geqslant \cdots v_{n-1}(j) \geqslant v_n(j) \quad (6.5.3\text{-}1)$$

式中 $v_i(j)$ ——第 j 检测剖面第 i 声测线声速，$i = 1, 2, \cdots, n$；

n ——第 j 检测剖面的声测线总数；

k ——拟去掉的低声速值的数据个数，$k = 0, 1, 2, \cdots$；

k' ——拟去掉的高声速值的数据个数，$k' = 0, 1, 2, \cdots$。

（2）对逐一去掉 $v_i(j)$ 中 k 个最小数值和 k' 个最大数值后的其余数据，按下列公式进行统计计算：

$$v_{01}(j) = v_m(j) - \lambda \cdot s_x(j) \quad (6.5.3\text{-}2)$$

$$v_{02}(j) = v_m(j) + \lambda \cdot s_x(j) \quad (6.5.3\text{-}3)$$

$$v_m(j) = \frac{1}{n-k-k'} \sum_{i=k'+1}^{n-k} v_i(j) \quad (6.5.3\text{-}4)$$

$$s_x(j) = \sqrt{\frac{1}{n-k-k'-1} \sum_{i=k'+1}^{n-k} \left[v_i(j) - v_m(j) \right]^2}$$

$$(6.5.3\text{-}5)$$

$$C_v(j) = \frac{s_x(j)}{v_m(j)} \quad (6.5.3\text{-}6)$$

式中 $v_{01}(j)$ ——第 j 剖面的声速异常小值判断值；

$v_{02}(j)$ ——第 j 剖面的声速异常大值判断值；

$v_m(j)$——$(n-k-k')$ 个数据的平均值；

$s_x(j)$——$(n-k-k')$ 个数据的标准差；

$C_v(j)$——$(n-k-k')$ 个数据的变异系数；

λ—— 由表 6.5.3 查得的与 $(n-k-k')$ 相对应的系数。

表 6.5.3　统计数据个数 $(n-k-k')$ 与对应的 λ 值

$n-k-k'$	10	11	12	13	14	15	16	17	18	20
λ	1.28	1.33	1.38	1.43	1.47	1.50	1.53	1.56	1.59	1.64
$n-k-k'$	20	22	24	26	28	30	32	34	36	38
λ	1.64	1.69	1.73	1.77	1.80	1.83	1.86	1.89	1.91	1.94
$n-k-k'$	40	42	44	46	48	50	52	54	56	58
λ	1.96	1.98	2.00	2.02	2.04	2.05	2.07	2.09	2.10	2.11
$n-k-k'$	60	62	64	66	68	70	72	74	76	78
λ	2.13	2.14	2.15	2.17	2.18	2.19	2.20	2.21	2.22	2.23
$n-k-k'$	80	82	84	86	88	90	92	94	96	98
λ	2.24	2.25	2.26	2.27	2.28	2.29	2.29	2.30	2.31	2.32
$n-k-k'$	100	105	110	115	120	125	130	135	140	145
λ	2.33	2.34	2.36	2.38	2.39	2.41	2.42	2.43	2.45	2.46
$n-k-k'$	150	160	170	180	190	200	220	240	260	280
λ	2.47	2.50	2.52	2.54	2.56	2.58	2.61	2.64	2.67	2.69
$n-k-k'$	300	320	340	360	380	400	420	440	470	500
λ	2.72	2.74	2.76	2.77	2.79	2.81	2.82	2.84	2.86	2.88
$n-k-k'$	550	600	650	700	750	800	850	900	950	1 000
λ	2.91	2.94	2.96	2.98	3.00	3.02	3.04	3.06	3.08	3.09
$n-k-k'$	1 100	1 200	1 300	1 400	1 500	1 600	1 700	1 800	1 900	2 000
λ	3.12	3.14	3.17	3.19	3.21	3.23	3.24	3.26	3.28	3.29

（3）按 $k = 0$、$k' = 0$、$k = 1$、$k' = 1$、$k = 2$、$k' = 2$…的顺序,将参加统计的数列最小数据 $v_{n-k}(j)$ 与异常小值判断值 $v_{01}(j)$ 进行比较,当 $v_{n-k}(j)$ 小于或等于 $v_{01}(j)$ 时剔除最小数据;将最大数据 $v_{k'+1}(j)$ 与异常大值判断值 $v_{02}(j)$ 进行比较,当 $v_{k'+1}(j)$ 大于或等于 $v_{02}(j)$ 时剔除最大数据;每次剔除一个数据,对剩余数据构成的数列,重复式(6.5.3-2)~式(6.5.3-5)的计算步骤,直到下列两式成立:

$$v_{n-k}(j) > v_{01}(j) \tag{6.5.3-7}$$

$$v_{k'+1}(j) < v_{02}(j) \tag{6.5.3-8}$$

（4）第 j 个检测剖面的声速异常判断概率统计值,应按下式计算:

$$v_0(j) = \begin{cases} v_m(j)(1 - 0.015\lambda) & \text{当} \ C_v(j) < 0.015 \ \text{时} \\ v_{01}(j) & \text{当} \ 0.015 \leqslant C_v(j) \leqslant 0.045 \ \text{时} \\ v_m(j)(1 - 0.045\lambda) & \text{当} \ C_v(j) > 0.045 \ \text{时} \end{cases}$$

$$\tag{6.5.3-9}$$

式中 $v_0(j)$——第 j 检测剖面的声速异常判断概率统计值。

6.5.4 受检墙体的声速异常判断临界值,应按下列方法确定:

1 应根据类似工程经验,结合预留同条件混凝土试件或钻芯法获取的芯样试件的抗压强度与声速对比试验,分别确定墙体混凝土声速低限值 v_L 和混凝土试件的声速平均值 v_P。

2 当 $v_L < v_0(j) < v_P$ 时

$$v_c(j) = v_0(j) \tag{6.5.4}$$

式中 $v_c(j)$——第 j 检测剖面的声速异常判断临界值;

$v_0(j)$——第 j 检测剖面的声速异常判断概率统计值。

3 当 $v_0(j) \leqslant v_L$ 或 $v_0(j) \geqslant v_P$ 时,应分析原因,第 j 个检测剖面的声速异常判断临界值可按下列情况的声速异常判断临界值综合确定:

（1）同一墙体的其他检测剖面的声速异常判断临界值。

（2）与受检墙体属同一工程，混凝土质量较稳定的其他墙体的声速异常判断临界值。

4 对只有单个检测剖面的墙体，其声速异常判断临界值等于检测剖面声速异常判断临界值；对具有三个及三个以上检测剖面的墙体，应取各个检测剖面声速异常判断临界值的算术平均值，作为该墙体各声测线的声速异常判断临界值。

6.5.5 声速 $v_i(j)$ 异常应按下式判定：

$$v_i(j) \leqslant v_c \qquad (6.5.5)$$

6.5.6 波幅异常判断的临界值，应按下列公式计算：

$$A_m(j) = \frac{1}{n} \sum_{i=1}^{n} A_{pi}(j) \qquad (6.5.6\text{-}1)$$

$$A_c(j) = A_m(j) - 6 \qquad (6.5.6\text{-}2)$$

波幅 $A_{pi}(j)$ 异常应按下式判定：

$$A_{pi}(j) < A_c(j) \qquad (6.5.6\text{-}3)$$

式中 $A_m(j)$——第 j 检测剖面各声测线的波幅平均值（dB）；

$\quad\quad A_{pi}(j)$——第 j 检测剖面第 i 声测线的波幅值（dB）；

$\quad\quad A_c(j)$——第 j 检测剖面波幅异常判断的临界值（dB）；

$\quad\quad n$——第 j 检测剖面的声测线总数。

6.5.7 当采用信号主频值作为辅助异常声测线判据时，主频—深度曲线上主频值明显降低的声测线可判定为异常。

6.5.8 当采用接收信号的能量作为辅助异常声测线判据时，能量—深度曲线上接收信号能量明显降低可判定为异常。

6.5.9 采用斜率法作为辅助异常声测线判据时，声时—深度曲线上相邻两点的斜率与声时差的乘积 PSD 值应按下式计算。当 PSD 值在某深度处突变时，宜结合波幅变化情况进行异常声测线判定。

$$PSD(j,i) = \frac{\left[t_{c_i}(j) - t_{c_{i-1}}(j)\right]^2}{z_i - z_{i-1}} \quad (6.5.9)$$

式中 PSD ——声时—深度曲线上相邻两点连线的斜率与声时差的乘积（$\mu s^2/m$）；

$t_{c_i}(j)$ ——第 j 检测剖面第 i 声测线的声时（μs）；

$t_{c_{i-1}}(j)$ ——第 j 检测剖面第 $i-1$ 声测线的声时（μs）；

z_i ——第 i 声测线深度（m）；

z_{i-1} ——第 $i-1$ 声测线深度（m）。

6.5.10 墙体缺陷的空间分布范围，可根据下列情况判定：

1 墙体同一深度上各检测剖面缺陷的分布。

2 复测和加密测试的结果。

6.5.11 墙体完整性类别判定应结合墙体缺陷处声测线的声学特征、缺陷的空间分布范围，按本规程表 6.5.11 进行综合判定。

表 6.5.11 墙体完整性类别判定

墙体类别	特征
Ⅰ类墙体	所有声测线声学参数无异常，接收波形正常； 存在声学参数轻微异常、波形轻微畸变的异常声测线，异常声测线在任一检测剖面的任一区段内纵向不连续分布，且在任一深度横向分布的数量小于检测剖面数量的 50%
Ⅱ类墙体	存在声学参数轻微异常、波形轻微畸变的异常声测线，异常声测线在一个或多个检测剖面的一个或多个区段内纵向连续分布，或在一个或多个深度横向分布数量大于或等于检测剖面数量的 50%； 存在声学参数明显异常、波形明显畸变的异常声测线，异常声测线在任一检测剖面的任一个区段内纵向不连续分布，且在任一深度横向分布的数量小于检测剖面数量的 50%

墙体类别	特征
Ⅲ类墙体	存在声学参数明显异常、波形明显畸变的异常声测线,异常声测线在一个或多个检测剖面的一个或多个区段内纵向连续分布,但在任一深度横向分布数量小于检测剖面数量的 50%; 存在声学参数明显异常、波形明显畸变的异常声测线,异常声测线在任一检测剖面的任一个区段内纵向不连续分布,但在一个或多个深度横向分布数量大于或等于检测剖面数量的 50%; 存在声学参数严重异常、波形严重畸变或声速低于低限值的异常声测线,异常声测线在任一检测剖面的任一个区段内纵向不连续分布,且在任一深度横向分布数量小于检测剖面数量的 50%
Ⅳ类墙体	存在声学参数明显异常、波形明显畸变的异常声测线,异常声测线在一个或多个检测剖面的一个或多个区段内纵向连续分布,且在一个或多个深度横向分布数量大于或等于检测剖面数量的 50%; 存在声学参数严重异常,波形严重畸变或声速低于低限值的异常声测线,异常声测线在一个或多个检测剖面的一个或多个区段内纵向连续分布,或在一个或多个深度横向分布数量大于或等于检测剖面数量的 50%

6.5.12 声波透射法检测报告除包含第 3.5.3 条内容外,尚应包括以下内容:

1 声测管布置图及声测剖面编号。

2 受检墙体每个检测剖面声速—深度曲线、波幅—深度曲线,并将相应判据临界值所对应的标志线绘制于同一个坐标系。

3 当采用主频值、PSD 值或接收信号能力进行辅助分析判定时,应绘制相应的主频—深度曲线、PSD 曲线或能量—深度曲线。

4　各检测剖面的实测波列图。

5　对加密测试、扇形扫测的有关情况进行说明。

6　当对管距进行修正时,应注明进行管距修正的范围及方法。

7 钻芯法

7.1 一般规定

7.1.1 本方法适用于检测混凝土地下连续墙的墙体深度、混凝土强度、墙底沉渣厚度和墙体完整性，判定或验证墙体完整性类别。

7.1.2 每幅受检墙体的钻芯孔数和钻孔位置应符合下列规定：

1 墙体长度小于 6 m 的地下连续墙不少于 2 个孔，墙体长度大于 6 m 的地下连续墙不少于 3 个孔。

2 拐角处钻芯孔开孔位置宜位于墙体短边中心处，当钻芯孔为 1 个时，宜在距墙体中心位置开孔；当钻芯孔为 2 个或 2 个以上时，开孔位置宜在墙体长度内均匀对称布置。

7.2 仪器设备

7.2.1 钻取芯样宜采用液压操纵的钻机。钻机设备参数应符合以下规定：

1 额定最高转速不低于 790 r/min。

2 转速调节范围不少于 4 挡。

3 额定配用压力不低于 1.5 MPa。

7.2.2 墙体混凝土钻芯检测，应采用单动双管钻具，并配备适宜的水泵、孔口管、扩孔器、卡簧、扶正稳定器及可捞取松软渣样的钻具。钻杆应顺直，直径宜为 50 mm。

7.2.3 钻头应根据混凝土设计强度等级选用合适粒度、浓度、胎体硬度的金刚石钻头，且外径不宜小于 100 mm。

7.2.4 水泵的排水量应为 50 L/min～160 L/min,泵压为 1.0 MPa～2.0 MPa。

7.2.5 锯切芯样的锯切机应具有冷却系统和夹紧固定装置,配套使用的金刚石圆锯片应有足够刚度。

7.2.6 芯样试件端面的补平器和磨平机,应满足芯样制作的要求。

7.3 现场检测

7.3.1 钻机设备安装必须周正、稳固、底座水平。钻机立轴中心、天轮中心与孔口中心必须在同一铅垂线上。钻机在钻芯过程中不发生倾斜、移位,钻芯孔垂直度偏差不得大于 0.3%。

7.3.2 当墙体顶面与钻机底座的距离较大时,应安装孔口管,孔口管应垂直且牢固。

7.3.3 钻进过程中,钻孔内循环水流不得中断,应根据回水含砂量及颜色调整钻进速度。

7.3.4 提钻卸取芯样时,应拧卸钻头和扩孔器,严禁敲打卸芯。

7.3.5 每回次进尺宜控制在 1.5m 内;钻至墙底时,应采取减压、慢速钻进、干钻等适宜的钻芯方法和工艺钻取沉渣并测定沉渣厚度,并采用适宜的方法对墙底持力层岩土性状进行鉴别。

7.3.6 钻取的芯样应由上而下按回次顺序放进芯样箱中,并按本规程附录 B 附表 B.0.1-1 的格式及时记录钻进情况和钻进异常情况,对芯样质量做初步描述。

7.3.7 应按本规程附录 B 附表 B.0.1-1 的格式对芯样混凝土、墙底沉渣以及墙体持力层做详细编录。

7.3.8 应对芯样和标有工程名称、墙体编号、钻芯孔号、芯样试件采取位置、墙体长度、孔深、检测单位名称的标示牌的全貌进行拍照。

7.3.9 当墙体质量评价满足设计要求时,应从钻芯孔孔底往上用水泥浆回灌封闭;否则应封存钻芯孔,留待处理。

7.4 芯样试件截取与加工

7.4.1 截取混凝土抗压芯样试件应符合下列规定:

1 当墙体深度小于 10 m 时,每孔应截取 2 组芯样;当墙体深度为 10 m ~ 30 m 时,每孔应截取 3 组芯样;当墙体深度大于 30 m 时,每孔截取芯样应不少于 4 组。

2 上部芯样位置距墙顶设计标高不宜大于 1 倍墙体宽度或 2 m,下部芯样位置距墙底不宜大于 1 倍墙体宽度或 2 m,中间芯样宜等间距截取。

3 缺陷位置具备取样条件时,应截取 1 组芯样进行混凝土抗压试验。

4 如果同一幅墙体的钻芯孔数大于 1 个,其中 1 孔在某深度存在缺陷时,应在其他孔的该深度处截取芯样进行混凝土抗压试验。

7.4.2 每组混凝土芯样应制作 3 个抗压试件。混凝土芯样试件应按附录 C 的要求进行加工和测量。

7.5 芯样试件抗压强度试验

7.5.1 芯样试件制作完毕可立即进行抗压强度试验。

7.5.2 混凝土芯样试件的抗压强度试验应按现行国家标准《普通混凝土力学性能试验方法标准》(GB/T50081 – 2002)执行。

7.5.3 在混凝土芯样试件抗压强度试验中,当发现试件内混凝土粗骨料最大粒径大于芯样试件平均直径的一半,且强度值异常时,该试件的强度值不得参与统计平均。

7.5.4 混凝土芯样试件抗压强度应按下式计算:

$$f_{cu} = \xi \frac{4P}{\pi d^2} \qquad (7.5.4)$$

式中 f_{cu}——混凝土芯样试件抗压强度(MPa),精确至 0.1 MPa;

　　　P——芯样试件抗压试验测得的破坏荷载(N);

　　　d——芯样试件的平均直径(mm);

　　　ξ——混凝土芯样试件抗压强度折算系数,应考虑芯样尺寸效应、钻芯机械对芯样扰动和混凝土成型条件的影响,通过试验统计确定,当无试验统计资料时,宜取为 1.0。

7.6　数据分析与判定

7.6.1　每幅受检墙体混凝土芯样试件抗压强度的确定应符合下列规定:

1　取一组 3 块试件强度值的平均值,作为该组混凝土芯样试件抗压强度检测值。

2　同一幅受检墙体同一深度部位有两组或两组以上混凝土芯样试件抗压强度检测值时,取其平均值作为该墙体该深度处混凝土芯样试件抗压强度检测值。

3　取同一受检墙体不同深度位置的混凝土芯样试件抗压强度检测值中的最小值,作为该墙体混凝土芯样试件抗压强度检测值。

7.6.2　墙体完整性类别应结合钻芯孔数、现场混凝土芯样特征、芯样试件抗压强度试验结果,按本规程表 7.6.2 所列特征进行综合判定。

当混凝土出现分层现象时,宜截取分层部位的芯样进行抗压强度试验。当混凝土抗压满足设计要求时,可判为Ⅱ类;当混凝土抗压强度不满足设计要求或不能制作成芯样试件时,应判为Ⅳ类。

表7.6.2　墙体完整性判定

墙体类别	混凝土芯样特征
Ⅰ类墙体	混凝土芯样连续、完整、表面光滑、胶结好、骨料分布均匀、呈长柱状、断口吻合,芯样侧面仅见少量气孔
Ⅱ类墙体	混凝土芯样连续、完整、胶结较好、骨料分布基本均匀、呈柱状、断口基本吻合,芯样侧面局部见蜂窝麻面、沟槽
Ⅲ类墙体	大部分混凝土芯样胶结较好,无松散、夹泥或分层现象,但有下列情况之一: 芯样局部破碎且破碎长度大于10 cm但不大于20 cm; 芯样骨料分布不均匀; 芯样多呈短柱状或块状; 芯样侧面蜂窝麻面、沟槽连续
Ⅳ类墙体	钻进很困难; 芯样任一段松散、夹泥或分层; 芯样局部破碎且破碎长度大于20 cm

7.6.3　墙体质量评价应按单幅墙体进行。当出现下列情况之一时,应判定该受检墙体不满足设计要求:

1　墙体完整性类别为Ⅳ类。

2　受检墙体混凝土芯样试件抗压强度检测值小于混凝土设计强度等级。

3　墙体深度、墙底沉渣厚度不满足设计或本规程要求。

7.6.4　钻芯孔偏出墙外时,仅对钻取芯样部分进行评价。

7.6.5　钻芯法检测报告除包含第3.5.3条内容外,尚应包括以下内容:

1　钻芯设备情况。

2　检测墙体数量、钻孔数量、架空高度、混凝土芯进尺、总进尺、混凝土试件组数。

    3   按本规程附录 B 附表 B.0.1-2 的格式编制每个钻孔的柱状图。

    4   芯样单轴抗压强度试验结果。

    5   芯样彩色照片。

    6   异常情况说明。

附录 A 声测管埋设

A.0.1 地下连续墙检测管的布置,一般每槽段应等间距埋设四根检测管,1、4 声测管距钢筋笼边缘 0.5 m 左右,如图 A.0.1 所示。

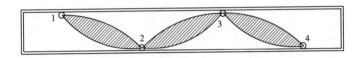

图 A.0.1 地下连续墙声测管布置图

A.0.2 检测管的埋设长度应等于墙体顶面到要求测试面的深度。

A.0.3 检测管采用高频焊管或钢管,内径宜为 50 mm ~ 60 mm,管子以外接管螺纹连接为宜(或采用外套管焊接接头,外套管两端环焊,不得焊透、渗浆)。接头处管子内侧不得有毛刺,两管保持轴线重合,保证管内畅通。管的下端宜用电焊封闭,不得漏水。

A.0.4 检测管可直接点焊在钢筋笼内侧,必须使测管间距保持平行。管子须露出墙顶面 200 mm ~ 300 mm。

A.0.5 安装完毕后,声测管的上端应用螺纹盖或焊接封口,以免落入异物阻塞管道。

附录 B 钻芯法检测记录表

B.0.1 钻芯法检测现场操作记录和芯样编录按附表 B.0.1-1 的格式记录；检测芯样综合柱状图按附表 B.0.1-2 的格式记录和描述。

附表 B.0.1-1 钻芯法检测记录表

工程名称：_____ 墙体号/孔号：_____ 合同编号：_____
检测日期：_____ 钻 机 型 号：_____ 钻机编号：_____ 第 ___ 页 共 ___ 页

孔深 (m)	回次数	起至深度 (m)	芯样编号	芯样长度 (m)	>10 cm 芯样长度 (m)	芯样描述（包括蜂窝麻面、沟槽、夹泥、松散及分层等缺陷，骨料分布，混凝土胶结性能等）	抗压试验取样编号 取样深度
						异常情况描述：	
						备注：	
						天气：	

机长：　　　　　　　　　　　　　记录：　　　　　　　　　　　　　检测员：

附表 B.0.1-2 钻芯法检测芯样综合柱状图

墙体号/孔号		混凝土设计强度等级		墙顶标高		开孔时间	
墙体施工深度		墙体设计深度		钻孔深度		终孔时间	
层序号	层底标高(m)	层底深度(m)	分层厚度(m)	混凝土/岩土芯柱状图(比例尺)	墙体混凝土描述	序号 深度(m)	芯样强度 备注
				□ □ □			
				□ □ □			
				□ □ □			

编制:　　　　　　　　　　校核:

注:□代表芯样试件取样位置。

附录 C 芯样试件加工和测量

C.0.1 芯样加工时应将芯样固定,锯切平面垂直于芯样轴线。锯切过程中应淋水冷却金刚石圆锯片。

C.0.2 锯切后的芯样试件不能满足平整度及垂直度要求时,应选用以下方法进行端面加工:

　　1 在磨平机上磨平。

　　2 用水泥砂浆、水泥净浆、硫黄胶泥(或硫黄)等材料在专用补平装置上补平;水泥砂浆或水泥净浆的补平厚度不宜大于5 mm,硫黄胶泥或硫黄的补平厚度不宜大于1.5 mm。

　　3 补平层应与芯样结合牢固,受压时补平层与芯样的结合面不得提前破坏。

C.0.3 试验前,应对芯样试件的几何尺寸做下列测量:

　　1 平均直径:在相互垂直的两个位置上,用游标卡尺测量芯样表观直径偏小的部位的直径,取其两次测量的算术平均值,精确至0.5 mm。

　　2 芯样高度:用钢卷尺或钢板尺进行测量,精确至1 mm。

　　3 垂直度:用游标量角器测量两个端面与母线的夹角,精确至0.1°。

　　4 平整度:用钢板尺或角尺紧靠在芯样端面上,一面转动钢板尺,一面用塞尺测量与芯样端面之间的缝隙。

C.0.4 芯样试件出现以下情况时,不得用作抗压或单轴抗压强度试验:

　　1 试件有裂缝或有其他较大缺陷时。

2 混凝土芯样试件内含有钢筋时。

3 混凝土芯样试件高度小于 $0.95d$ 或大于 $1.05d$ 时（d 为芯样试件平均直径）。

4 沿试件高度任一直径与平均直径相差达 2 mm 以上时。

5 试件端面的不平整度在 100 mm 长度内超过 0.1 mm 时。

6 试件端面与轴线的不垂直度超过 2°时。

7 表观混凝土粗骨料最大粒径大于芯样试件平均直径的一半时。

本规程用词说明

1 为便于在执行本规程条文时区别对待,对要求严格程度不同的用词,说明如下:

(1)表示很严格,非这样做不可的用词:

正面词采用"必须",反面词采用"严禁"。

(2)表示严格,在正常情况下均应这样做的用词:

正面词采用"应",反面词采用"不应"或"不得"。

(3)表示允许稍有选择,在条件许可时首先应这样做的用词:

正面词采用"宜",反面词采用"不宜"。

(4)表示有选择,在一定条件下可以这样做的用词,采用"可"。

2 本规程中指明按其他有关标准执行的写法为:"应符合……的规定"或"应按……执行"。

引用标准名录

1 《建筑基桩检测技术规范》JGJ106
2 《普通混凝土力学性能试验方法标准》GB/T50081
3 《水利水电工程混凝土防渗墙施工技术规范》SL174
4 《建筑基坑支护技术规程》JGJ120
5 《水电水利工程混凝土防渗墙施工规范》DL/T5199
6 《现浇塑性混凝土防渗墙施工技术规程》JGJ/T291
7 《混凝土强度检验评定标准》GBJ107

河南省工程建设标准

地下连续墙检测技术规程

DBJ41/T189 – 2017

条 文 说 明

目　　次

1 总　　则

1.0.1　目前,地下连续墙检测主要有成槽质量检测和墙体质量检测两个方面。其中,墙体质量问题,除应严格按施工规范进行水下混凝土浇筑外,近年来在工程设计中,地下连续墙在开挖后要求对墙体定位、混凝土强度等进行检测,对确保质量起到了积极的作用。但如何保证在不同的地质条件下地下连续墙的施工质量,目前无论是施工部门还是设计部门,尚缺乏应有的重视和有效措施。

解决地下连续墙的质量问题是本规程编制的主要目的。统一检测方法,使地下连续墙检测技术标准化、规范化,才能促进地下连续墙检测技术进步,提高检测质量,为设计和施工提供可靠依据,确保工程质量。

1.0.2　本规程主要针对河南省建筑工程和市政工程中的地下连续墙检测,其他如交通、港口等类似的基础工程地下连续墙检测也可参照本规程执行。

2 术语和符号

2.1 术　　语

2.1.2　从定性上讲,沉渣可以定义为地下连续墙成槽后,淤积于槽底部的非原状沉淀物。从定量上准确区分沉渣和下部原状地层,目前还有一定难度。所以对于沉渣厚度的检测,实际上是利用有效的沉渣测定仪或其他检测工具,检测估算沉渣厚度。

2.1.5　基于设备使用机制的不同,本规程采用声波反射法检测成槽质量;采用声波透射法检测混凝土墙体质量。

3 基本规定

3.1 检测内容、方法及要求

3.1.1、3.1.2 在选择检测方法时,应根据检测目的、内容和要求,结合各检测方法的适用范围和检测能力,考虑设计、地质条件、施工因素和工程重要性等情况确定。

3.2 检测工作程序

3.2.2 测试前收集相关的资料,对检测工作意义重大。通过了解委托人的委托内容及设计人的检测要求,便可明确检测目的、检测内容、检测精度及检测数量,因此检测机构可选择适用的检测方法及手段来完成检测任务;了解岩土工程勘察资料可以知道哪些地层或地段不利于施工或容易发生质量事故,分布在墙位图的哪些位置;了解相关的施工情况,可以预计在检测中会出现哪些问题,采取何种检测方法可以避免或解决,如何更好地提高检测质量等。

3.2.3 在收集了第3.2.2条规定的资料后,应对施工现场进行踏勘,了解施工进度及现场的施工环境,通过与现场监理工程师的详细协商,确定检测方案,包括检测步骤和分步实施的具体安排等。

3.3 检测数量和抽样原则

3.3.1~3.3.3 为确切反映成槽质量,检测数量应有一定的比例,具体数量应根据建筑物的重要性、地基基础等级、地质条件复杂程度等因素确定。本规程规定的检测数量参照了《建筑基桩检测技术规范》(JGJ106—2014)、《建筑基坑支护技术规程》(JGJ120—

2012)中对地下连续墙混凝土质量检测、地下连续墙成槽质量检测的规定。

地下连续墙成槽质量检测,抽测断面一般位于槽段的中心位置,当需要对槽段两端的槽壁情况进行检测时,可在距离两端约50 cm 处各增加 1 个检测断面。

3.3.5 本条第 2 款规定不同机台或采用不同工艺开始施工的 2 个槽段(墙体)应进行检测,主要是因为考虑到在施工开始时,施工单位对场地地层条件不完全熟悉,预定的施工工艺可能不尽合理,或各机台施工水平可能参差不齐,通过对其开始施工的 2 个槽段(墙体)进行检测,了解施工质量,有助于改进工艺,提高质量,完善施工管理。在了解了工程地质状况后,应加强对各种不利于施工或容易产生质量事故(容易发生偏斜、坍塌、扩缩径等)区域内槽段(墙体)的检测,目的是确保工程质量,进一步改进施工工艺。

3.4 复测、验证与扩大检测

3.4.1 如成槽检测结果符合有关要求,按照施工要求,需及时浇灌混凝土以保证墙体质量。因此,及时提供检测结果是十分必要的。

3.4.2 复测有两种情况,一种是检测过程中正常抽检某段的检测结果;一种是发现检测结果不符合相关规定,经处理后,进行再次全程检测,本条是指后一种情况。扩大检测比例一般不少于 3 倍。

4 声波反射法

4.1 一般规定

4.1.3 泥浆性能指标对声波的传播速度影响很大：

1 声波反射法成槽检测时,检测探头悬浮于泥浆中,与槽壁不发生接触,属非接触式检测方法。本规程未将沉渣厚度列入声波反射法成槽检测内容,但可以利用设计槽深与实测槽深之差,间接估算槽底沉渣的厚度,但精度相对较低。

2 泥浆是超声波传播的介质,泥浆的重度、黏度及含砂量等指标直接影响超声波的传播性能。以往曾经出现泥浆过稠,将探头完全封闭,造成根本没有检测信号的现象,因此检测时槽内泥浆性能应满足表4.1.3的要求。

3 检测中,有时会出现记录信号模糊不清及空白,原因有多种,可能是仪器升降速度过快,因为超声波探头每分钟重复频率是固定的,探头升降过快,相当于拉长了测点的间距,降低了分辨精度;可能局部深度范围内泥浆过稠,而探头超声波发射功率小,或灵敏度低造成反射信号弱;可能泥浆中气泡屏蔽了超声波;可能泥浆中存在悬浮物导致超声波的散射等。因此,可以采用降低探头升降速度,或增大灵敏度及发射功率,检查不同深度泥浆的性能指标等手段,保证检测精度。

4.3 现场检测

4.3.6 现场检测时,测得的声波反射信号应十分明显,反射界面清晰可见,波速应标定准确,检测数据可靠无误。

5 电阻率法

5.1 一般规定

5.1.1 采用沉渣测定仪检测沉渣厚度时,仪器探头必须垂直插入沉渣底部,确保测试结果准确无误。

6 声波透射法

6.1 一般规定

6.1.1 适用范围:声波透射法检测是利用声波的透射原理对墙体混凝土介质状况进行检测,因此仅适用于在灌注成型过程中已经预埋了声测管的地下连续墙。

6.2 仪器设备

6.2.1 声波换能器有效工作段长度指起到换能作用的部分在实际轴向的尺寸,该长度过大将恶化实测曲线并影响测试结果。

提高换能器谐振频率,可使其外径减少到 30 mm 以下,利于换能器在声测管中升降顺畅。但因声波发射频率的提高,使长距离声波穿透能力下降。所以,本规程仍推荐目前普遍采用的 30 kHz ~ 60 kHz 的谐振频率范围。

6.4 现场检测

6.4.1 标定法测定系统延迟时间的方法是将发射、接收换能器平行放入清水中,逐次改变点源距离并测量相应声时,记录若干点的数据并作出时距曲线,即

$$t = t_0 + bl \tag{1}$$

式中　t——声时(μs);

　　　t_0——时间轴上的截距(μs);

　　　b——直线斜率($\mu s/mm$);

　　　l——换能器中心距(mm)。

按下式计算声测管及耦合水层声时修正值：

$$t' = \frac{d_1 - d_2}{v_t} + \frac{d_2 - d'}{v_w} \qquad (2)$$

式中　d_1——声测管外径(mm)；

　　　d_2——声测管内径(mm)；

　　　d'——换能器外径(mm)；

　　　v_t——声测管材料声速(km/s)；

　　　v_w——水的声速(km/s)；

　　　t'——声测管及耦合水层声时修正值(μs)。

同一幅地下连续墙体检测时,强调各检测剖面的声波发射电压和仪器设置参数保持不变,目的是使各检测剖面的检测结果具有可比性,便于综合判定。

7 钻芯法

7.1 一般规定

7.1.1 钻芯法检测目的主要有三个:

1 检测墙身混凝土质量情况,如墙身混凝土胶结状况、有无气孔、松散或断裂等,墙身混凝土强度是否符合设计要求。

2 墙底沉渣是否符合设计或规范的要求。

3 施工记录墙体深度是否真实。

受检墙体长宽比较大时,成孔的垂直度和钻芯孔的垂直度很难控制,钻芯孔容易偏离墙身,故要求受检墙体宽度不宜小于 600 mm、长宽比不宜大于 30。

7.2 仪器设备

7.2.1 应采用带有产品合格证的钻芯设备。钻机宜采用机械岩芯钻探的液压钻机,并配有相应的钻塔和牢固的底座,机械技术性能良好,不得使用立轴摆动过大的钻机。

孔口管、扶正稳定器(又称导向器)及可捞取松软渣样的钻具应根据需要选用。墙体深度较长时,应使用扶正稳定器确保钻芯孔的垂直度。

目前,钻芯取样方法分三大类:钢粒钻进、硬质合金钻进和金刚石钻进。钢粒钻进能通过坚硬岩石,但钻头与切削具是分开的,破碎孔底环状面积大、芯样直径小、芯样易破碎、磨损大、采取率低,不适用于钻芯法检测。硬质合金钻进虽然切削具破坏岩石比较平稳、破碎孔底环状间隙相对较小、孔壁与钻具间隙小、芯样直径大、采取率较好,但是硬质合金钻只适用于小于七级的岩石(岩石有十二级分类),不适用于钻芯法检测。金刚石钻头切削刀细、破碎岩石平稳、钻具孔壁间隙小、破碎孔底环状面积小且由于金刚石较硬、研磨性较强,高速钻进时芯样受钻具磨损时间短,容易获得比较真实的芯样,是取得第一手真实资料的好办法,因此钻芯法检测应采用金刚石钻进。

芯样试件直径不宜小于骨料最大粒径的 3 倍,在任何情况下不得小于骨料最大粒径的 2 倍,否则试件强度的离散性较大。目前,钻头外径有 76 mm、91 mm、101 mm、110 mm、130 mm 几种规格,从经济合理的角度综合考虑,应选用外径为 101 mm 和 110 mm 的钻头;当受检墙体采用商品混凝土、骨料最大粒径小于 30 mm 时,可选用外径为 91 mm 的钻头;如果不检测混凝土强度,可选用外径为 76 mm 的钻头。

7.3 现场检测

7.3.1 为准确确定墙体的中心点,墙体顶部宜开挖裸露;来不及开挖或不便开挖的墙体,应由经纬仪测出墙体中心。

钻芯设备应精心安装、认真检查。钻进过程中应经常对钻机立轴进行校正,及时纠正立轴偏差,确保钻芯过程不发生倾斜、移位。设备安装后,应进行试运转,在确认正常后方能开钻。

墙体顶面与钻机塔座距离大于 2 m 时,宜安装孔口管。开孔宜采用合金钻头,开孔深为 0.3 m~0.5 m 后安装孔口管,孔口管下入时应严格测量垂直度,然后固定。

当出现钻芯孔与墙体偏离时,应立即停机记录,分析原因。当有争议时,可进行钻孔测斜,以判断是受检墙体倾斜超过规范要求还是钻芯孔倾斜超过规定要求。

金刚石钻头、扩孔器与卡簧的配合和使用要求:金刚石钻头与岩芯管之间必须安有扩孔器,用以修正孔壁;扩孔器外径应比钻头外径大 0.3 mm~0.5 mm,卡簧内径应比钻头内径小 0.3 mm 左右;金刚石钻头和扩孔器应按外径先大后小的排列顺序使用,同时考虑钻头内径小的先用,内径大的后用。

金刚石钻进技术参数:

(1)钻头压力:钻芯法的钻头压力应根据混凝土芯样的强度与胶结好坏而定,胶结好、强度高的钻头压力可大,相反的压力应小。一般情况初压力为 0.2 MPa,正常压力为 1 MPa。

(2)转速:回次初转速宜为 100 r/min 左右,正常钻进时可以采用高转速,但芯样胶结强度低的混凝土应采用低转速。

(3)冲洗液量:钻芯法宜采用清水钻进,冲洗液量一般按钻头大小而定。钻头直径为 101 mm 时,其冲洗液流量应为 60 L/min~120 L/min。

金刚石钻进应注意的事项:

(1)金刚石钻进前,应将孔底硬质合金捞取干净并磨灭,然后磨平孔底。

(2)提钻卸取芯样时,应使用专门的自由钳拧卸钻头和扩孔器。

(3)提放钻具时,钻头不得在地下拖拉;下钻时金刚石钻头不得碰撞孔口或孔口管;发生墩钻或跑钻事故,应提钻检查钻头,不得盲目钻进。

(4)当孔内有掉块、混凝土芯脱落或残留混凝土芯超过 200 mm 时,不得使用新金刚石钻头扫孔,应使用旧的金刚石钻头或针状合金钻头套扫。

(5)下钻前金刚石钻头不得下至孔底,应下至距孔底 200 mm 处,采用轻压慢转扫到孔底,待钻进正常后再逐步增加压力和转速至正常范围。

(6)正常钻进时不得随意提动钻具,以防止混凝土芯堵塞,发现混凝土芯堵塞时应立刻提钻,不得继续钻进。

（7）钻进过程中要随时观察冲洗液量和泵压的变化,正常泵压应为 0.5 MPa～1 MPa,发现异常应查明原因,立即处理。

7.3.6 芯样取出后,应由上而下按回次顺序放进芯样箱中,芯样侧面上应清晰标明回次数、块号、本回次总块数(宜写成带分数的形式,如 $2\frac{3}{5}$ 表示第 2 回次共有 5 块芯样,本块芯样为第 3 块)。及时记录孔号、回次数、起止深度、块数、总块数、芯样质量的初步描述及钻进异常情况。

条件许可时,可采用钻孔电视辅助判断混凝土质量。

7.3.7 对墙体混凝土芯样的描述包括混凝土钻进深度,芯样连续性、完整性、胶结情况、表面光滑情况、断口吻合程度、混凝土芯是否为柱状、骨料大小分布情况,气孔、蜂窝麻面、沟槽、破碎、夹泥、松散的情况,以及取样编号和取样位置。

7.3.8 应先拍彩色照片,后截取芯样试件。取样完毕剩余的芯样宜移交委托单位妥善保存。

7.4 芯样试件截取与加工

7.4.1 以概率论为基础、用可靠性指标度量的可靠度是比较科学的评价混凝土强度的方法,即在钻芯法受检墙体的芯样中截取一批芯样试件进行抗压强度试验,采用统计的方法判断混凝土强度是否满足设计要求。但在应用上存在以下困难:

    1 由于地下连续墙施工的特殊性,评价单幅受检墙体的混凝土强度比评价整个工程的混凝土强度更合理。

    2 《混凝土强度检验评定标准》(GBJ107－87)定义立方体抗压强度标准值采用了概率论和可靠度概念,但是在该标准第 4.1.3 条中判断一个验收批的混凝土强度是否合格时采用了两个不等式:

$$mf_{cu} - \lambda_1 sf_{cu} \geq 0.9f_{cu,k} \qquad (3)$$

$$f_{\mathrm{ccu,min}} \geqslant \lambda_2 \cdot f_{\mathrm{cu,k}} \qquad (4)$$

如果说第一个不等式沿用了概率论和可靠度概念,那么第二个不等式是考虑评定对象为结构受力构件,不允许出现过低的小值。同时,该标准指出一组试件的强度代表值应由三个试件的强度值确定,而钻芯法增加3倍的芯样试件数量有困难。

3 混凝土墙体应作为受力构件考虑,薄弱部位的强度(结构承载能力)能否满足使用要求,直接关系到结构安全。

综合多种因素考虑,规定按上、中、下截取芯样试件的原则,同时对缺陷和多孔取样做了规定。

一般来说,蜂窝麻面、沟槽等缺陷部位的强度较正常胶结的混凝土芯样强度低,无论是严把质量关,尽可能查明质量隐患,还是便于设计人员进行结构承载力验算,都有必要对缺陷部位的芯样进行取样试验。因此,缺陷位置能取样试验时,本条明确规定应截取一组芯样进行混凝土抗压试验。

如果同一幅墙体的钻芯孔数大于1个,其中1孔在某深度存在蜂窝麻面、沟槽、空洞等缺陷,芯样试件强度可能不满足设计要求,应在其他孔的相同深度部位取样进行抗压试验是非常必要的,在保证结构承载能力的前提下,减少加固处理费用。

对于混凝土芯样来说,芯样试件可选择的余地较大,因此不仅要求芯样试件不能有裂缝或其他较大缺陷,而且要求芯样试件内不能含有钢筋;同时,为了避免试件强度的离散性较大,在选取芯样试件时,应观察芯样侧面的表观混凝土粗骨料粒径,确保芯样试件平均直径大于表观混凝土粗骨料最大粒径的2倍。

为了避免再对芯样试件高径比进行修正,规定有效芯样试件的高度不得小于 $0.95d$ 且不得大于 $1.05d$(d 为芯样试件平均直径)。

附录C规定平均直径测量精确至0.5 mm;沿试件高度任一直径与平均直径相差达2 mm以上时不得用做抗压强度试验。这里

做以下几点说明:

(1)一方面要求直径测量误差小于 1 mm,另一方面允许不同高度处的直径相差大于 1 mm,增大了芯样试件强度的不确定度。考虑到钻芯过程对芯样直径的影响是强度低的地方直径偏小,而抗压试验时直径偏小的地方容易破坏,因此在测量芯样平均直径时宜选择表观直径偏小的芯样中部部位。

(2)允许沿试件高度任一直径与平均直径相差达 2 mm,极端情况下,芯样试件的最大直径与最小直径相差可达 4 mm,此时固然满足规范规定,但是当芯样侧面有明显波浪状时,应检查钻机的性能,钻头、扩孔器、卡簧是否合理配置,机座是否安装稳固,钻机立轴是否摆动过大,提高钻机操作人员的技术水平。

(3)在诸多因素中,芯样试件端面的平整度是一个重要的因素,也是容易被检测人员忽视的因素,应引起足够的重视。

7.5 芯样试件抗压强度试验

7.5.1 根据墙体的工作环境状态,试件宜在 20 ± 5 ℃的清水中浸泡一段时间后进行抗压强度试验。本条规定芯样试件加工完毕后,即可进行抗压强度试验,一方面考虑到钻芯过程中诸因素影响均使芯样试件强度降低,另一方面是出于方便考虑。

芯样试件抗压破坏时的最大压力值与混凝土标准试件明显不同,芯样试件抗压强度试验时应合理选择压力机的量程和加荷速率,保证试验精度。

当出现截取芯样未能制作成试件、芯样试件平均直径小于 2 倍的试件内混凝土粗骨料最大粒径时,应重新截取芯样试件进行抗压强度试验。条件不具备时,可将另外两个强度的平均值作为该组混凝土芯样试件抗压强度值。在报告中应对有关情况予以说明。

7.6 数据分析与判定

7.6.1 由于混凝土芯样试件抗压强度的离散性比混凝土标准试件大得多,采用《混凝土强度检验评定标准》(GBJ107－87)来计算混凝土芯样试件抗压强度代表值,有时会出现无法确定代表值的情况。为了避免这种情况,对数千组数据进行验算,证实取平均值的方法是可行的。

同一幅墙体有两个或两个以上钻芯孔时,应综合考虑各孔芯样强度来评定墙体混凝土质量。取同一深度部位各孔芯样试件抗压强度的平均值作为该深度的混凝土芯样试件抗压强度代表值,是一种简便实用的方法。

通过芯样特征对墙体完整性分类,有直观的一面,也有一孔之见代表性差的一面。同一幅墙体有两个或两个以上钻芯孔时,墙体完整性分类应综合考虑各钻芯孔的芯样质量情况。不同钻芯孔的芯样在同一深度部位均存在缺陷时,该位置存在安全隐患的可能性大,墙体缺陷类别应判重些。

在本规程中,虽然按芯样特征判定完整性和通过芯样试件抗压试验判定墙体强度是否满足设计要求在内容上相对独立,且表7.6.2中的墙体完整性分类判定是针对缺陷是否影响结构承载力而做出的原则性规定。但是,除墙体裂隙外,根据芯样特征描述,不论缺陷属于哪种类型,都指明或相对表明墙体混凝土质量差,即存在低强度区这一共性。因此对于钻芯法,完整性分类尚应结合芯样强度值综合判定。例如:

(1)蜂窝麻面、沟槽、空洞等缺陷程度应根据其芯样强度试验结果判断。若无法取样或不能加工成试件,缺陷程度应判重些。

(2)芯样连续、完整、胶结好或较好、骨料分布均匀或基本均匀、断口吻合或基本吻合;芯样侧面无表观缺陷,或虽有气孔、蜂窝麻面、沟槽,但能够截取芯样制作成试件;芯样试件抗压强度代表值不小于混凝土设计强度等级,则墙体完整性应判为Ⅱ类。

(3)芯样任一段松散、夹泥或分层,钻进困难甚至无法钻进,则判定墙体的混凝土质量不满足设计要求;若仅在一个孔中出现前述缺陷,而在其他孔同深度部位未出现,为确保质量,仍应进行工程处理。

(4)局部混凝土破碎、无法取样或虽能取样但无法加工成试件,一般判定为Ⅲ类。但是,当钻芯孔数为2个时,若同一深度部位芯样质量均如此,宜判为Ⅳ类;如果仅一孔的芯样质量如此,且长度小于10 cm,另两孔同深度部位的芯样试件抗压强度较高,宜判为Ⅱ类。

除墙体完整性和芯样试件抗压强度代表值外,当设计有要求时,应判断墙底的沉渣厚度是否满足或达到设计要求。否则,应判断是否满足或达到规范要求。